Andrea Holst/
Daniela Bolze

W0198982

Erste Hilfe
für mein Pferd

So helfe ich meinem Pferd im Notfall

CADMOS

Inhalt

Impressum

Gestaltung und Satz: Ravenstein + Partner, Verden
Fotos: Daniela Bolze, Dr. Andrea Holst
Titelfotos: Daniela Bolze
Druck: GCC, Calbe

ISBN 978-3-86127-271-7

Glänzendes Fell, gute Bemuskelung und nicht zu viel Fett auf den Rippen sind gute Anzeichen für ein gesundes Pferd.

Das gesunde Pferd

Genau wie dem Menschen kann man auch einem Pferd oft schon auf den ersten Blick ansehen, ob es sich wohl fühlt, gesund ist oder nicht. Ein gesundes Pferd nimmt – temperamentsbedingt – an seiner Umwelt teil. Es richtet seine Ohren nach der Richtung aus, aus der Geräusche kommen. Es wendet den Kopf in diese Richtung und blickt mit klaren, wachen Augen. Es kommt neugierig näher, wenn man an die Boxentür, den Zaun tritt. Die Nüstern sind trocken und ohne Ausfluss. Sein Fell ist glatt, ohne Verkrustungen und glänzt – es sei denn, es ist Winter. Dann sollte auch das Fell der Jahreszeit, Haltungsform und Rasse entsprechend sein. Naturgemäß haben Robustrassen und Pferde, die ganzjährig im Offenstall oder auf der Weide gehalten werden, ein dickeres und auch strubbeligeres Fell als vollblütigere oder Warmblutpferde, die in Boxen aufgestallt sind. Bei Ersteren übernehmen Fell und Haut sämtliche Schutzfunktionen gegen das zum Teil raue Klima.

Das gesunde Pferd hat einen guten Appetit und sollte seine ihm angepasste Futterration zügig auffressen. Neben Kraftfutter nach Leistungsbedarf muss es unbedingt ausreichend Raufutter (Heu/Stroh/Gras) über mehrere Stunden täglich für eine gesunde Verdauung zur

Wenn Tiere so abmagern, muss unbedingt der Tierarzt hinzugezogen werden.

Verfügung haben. Nach dem Fressen sollten keine angekauten Futterreste oder „Futterrollen“ vorzufinden sein – oftmals ein Indiz für Zahnprobleme.

Die Figur des Pferdes richtet sich sicherlich nach der Rasse. Aber bei keinem Pferd sollten Rippen und Knochen hervorstehen oder unter Fettwulsten verschwinden. Die Rippen müssen sich mit leichtem Druck ertasten lassen, dürfen aber nicht sichtbar sein.

Der Kot, die Pferdeäpfel, sollte fest und braun bis dunkelgrün sein, je nach Futter. Das Pferd sollte mehrmals täglich problemlos äppeln können. Dasselbe gilt für den Urin. Er sollte blassgelb sein. Wenn man ihn in einem Gefäß auffangen muss, sieht er milchig gelb aus.

Das Pferd sollte alle vier Beine gleichmäßig belasten und lahmfrei laufen können. An den Beinen und am Körper dürfen keine geschwollenen oder besonders warmen Stellen sein. Je nach Rasse, Temperament und Alter sollte es über ausreichend Bewegungslust verfügen, gerne laufen wollen – sowohl auf der Weide, dem Paddock, als auch in Aktion mit dem Menschen.

Das Pferd sollte alle sechs bis zwölf Wochen entwurmt werden. Die Hufe (egal ob beschlagen oder barhuf) müssen alle sechs bis zehn Wochen vom Fachmann kontrolliert werden.

Vitalwerte:

Ruhepuls zwischen 28 bis 42 Schläge

Körpertemperatur 37 Grad Celsius bis 38 Grad Celsius

Atemfrequenz in Ruhe acht bis 16 Atemzüge pro Minute

Je mehr wir die Pferde ihrer natürlichen Haltungsform entfremden (welche auch beim Warmblüter dieselbe ist, wie beim Pony), desto mehr müssen wir für pferdegerechten Ersatz sorgen: Sei es bei der Fütterung (viele kleine Mahlzeiten am Tag), dem Bewegungsanspruch (viel und mäßige Bewegung), dem Reizangebot der Rasse und dem Alter entsprechend an frischer Luft, aber auch bei den Sozialkontakten (Pferde sind Herdentiere, die Sozialpartner für ihre psychische Gesundheit brauchen).

Der Pferdehalter und -besitzer hat die Pflicht, sich über die Grundbedürfnisse seines Tieres kundig zu machen und für deren Einhaltung zu sorgen – im körperlichen und seelischen Bereich.

Ein kotverschmierter Schweif und Beine sind immer Anzeichen für eine Störung im Verdauungsapparat.

Das kranke Pferd

Ein krankes Pferd erkennt man an all dem, was vom oben beschriebenen gesunden Pferd abweicht. Oftmals sieht man sofort, dass etwas mit dem Tier nicht stimmt. Je besser man sein Pferd kennt, desto feinere Nuancen und Abweichungen vom Normalzustand nimmt man wahr und desto schneller kann man reagieren.

Mögliche sichtbare Krankheitssymptome

Auch Pferde können regelrecht niedergeschlagen aussehen. Manchmal hängt der Kopf, sie reagieren kaum auf Außenreize, sind matt und schlapp, verweigern Futter. Die Augen sind trübe und unter Umständen eitrig oder verkrustet. Viele Pferde bekommen über den Augen tiefe Einbuchtungen. Das Tier hustet eventuell – egal ob nach dem Fressen, im Ruhezustand oder bei der Bewegung. Oftmals hat es Ausfluss aus der Nase. Das Zahnfleisch ist blass und das Tier flehmt außergewöhnlich oft. Viele Pferde kneifen bei Schmerz die Lippen regelrecht zusammen und knirschen mit den Zähnen. Das Fell ist stumpf, struppig oder weist Wunden auf. Das Tier mag sich nicht bewegen, lahmt oder läuft extrem steifbeinig und schleppend. Es steht länger in abnormer Haltung oder mit hoch aufgewölbtem Rücken.

Auch Pferde können regelrecht niedergeschlagen aussehen. Hier stimmt was nicht.

Das Tier schlägt vermehrt mit dem Schweif (ohne dass Insekten stören) und tritt unruhig mit den Beinen auf oder schlägt womöglich nach dem Bauch, zeigt einen vermehrten Juckreiz. Es legt sich immer wieder hin, wälzt sich. Es liegt zu ungewohnten Zeiten und dann auch flach auf der Seite (zum Beispiel, wenn normalerweise Fressen oder Spielen angesagt ist). Es sieht sich oft nach seinem Bauch um, ist generell unruhig, scharrt ohne Grund. Das Pferd atmet schwer oder in erhöhter Atemfrequenz (mehr als 16 Atemzüge die Minute). Es schwitzt ohne äußeren Anlass, hat Fieber (über 38,5 Grad Celsius).

Der Kot ist entweder zu fest und hart oder aber zu weich, bis hin zu wässrigem Durchfall. Alarmstufe Rot ist angesagt, wenn gar kein Stuhlgang vorhanden ist. Der Urin ist verfärbt oder riecht extrem streng.

Am leichtesten sind äußere Wunden und Prellungen zu erkennen, auf die man sein Tier täglich kontrollieren sollte.

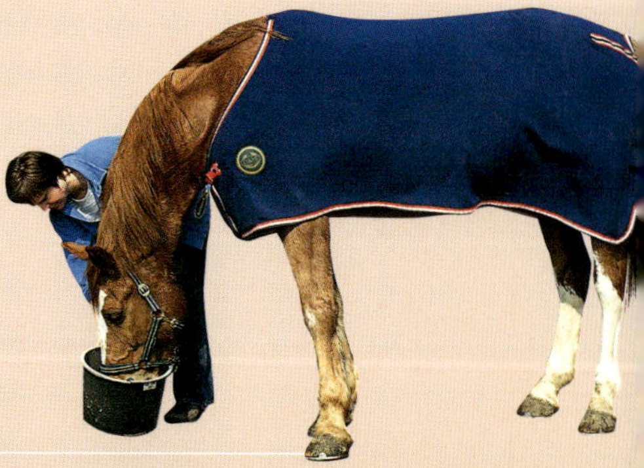

Der tägliche Check-up

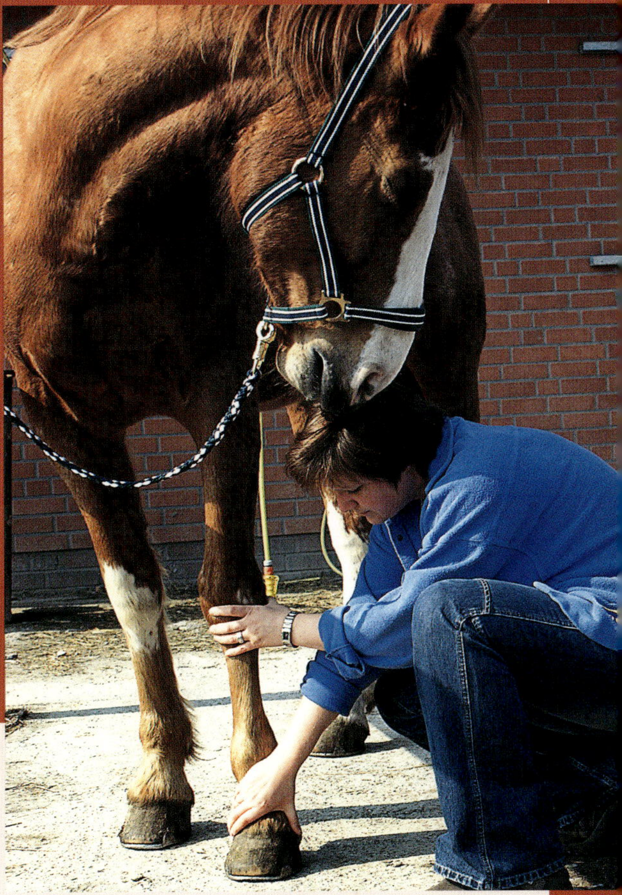

Man sollte sein Pferd regelmäßig mit bloßer Hand auf Wunden, Verschorfungen und Verletzungen abtasten.

Wer ein Pferd besitzt, sollte eigentlich täglich dazu in der Lage sein, einen so genannten Check-up zu machen. In der Realität kommen aber gerade Berufstätige höchstens ein-, zweimal die Woche zu ihrem Pferd. Umso wichtiger ist es in diesem Fall, Ersatzpersonen zu finden, die diesen Gesundheits-Check-up übernehmen. Doch zumindest einmal die Woche sollten Sie sich genügend Zeit nehmen, um Ihr Pferd gründlich abzutasten und zu beobachten.

Gesamteindruck

Nehmen Sie sich Zeit, um Ihr Pferd beim Fressen und in Bewegung zu beobachten. Ist es anders, anderer Stimmung als sonst – müde, hektisch, überreizt, bewegungsfaul? Zeigt es irgendwelche der unter „Das kranke Pferd" aufgeführten Merkmale? Reagiert es gereizt mit Schweifschlagen oder Schnappen auf Berührungen oder beim Angurten?

Fressgewohnheiten

Frisst es gleichmäßig mit runden, mahlenden Bewegungen oder bleiben Futterrollen übrig? Setzen sich Futterreste sichtbar in den Backen ab, macht das Pferd außergewöhnliche Geräusche beim Fressen? Bleibt Futter im Trog oder der Box zurück? Riecht das Pferd extremer als sonst aus dem Maul? Trinkt das Pferd normal oder mehr oder weniger als sonst?

Hat es genügend geäppelt und welche Beschaffenheit hat der Kot?

Bewegungsapparat

Geht das Pferd lahmfrei und taktrein auf hartem Boden im Schritt und im Trab? Bewegt es sich unter dem Sattel geschmeidig und normal? Oder lässt es sich besonders schwer in Gang setzen, ist sehr fühlig, steif, lässt sich zu einer bestimmten Seite schlecht biegen (außer der normalen Schiefe)?

Überprüfen Sie täglich die Hufe, ob sich Fremdkörper im Horn befinden oder Risse. Sitzen die Eisen noch fest oder könnten sie sich beim Spielen auf der Weide, dem Paddock lösen?

Körperzustand

Berühren Sie das Pferd nicht nur mit dem Putzzeug, sondern tasten Sie es am ganzen Körper mit der bloßen Hand ab. Nur so können Sie kleine Wunden, Schwellungen, erwärmte Körperteile, Hautveränderungen und schmerzempfindliche Stellen spüren. Tasten Sie besonders gründlich die Beine und Fesselbeugen des Pferdes ab. Kontrollieren Sie auch regelmäßig den äußeren Anus, bei Stuten das Gesäuge und bei Hengsten und Wallachen den Schlauch.

Umgebungskontrolle

Der wichtigste Faktor für die Gesunderhaltung des Pferdes ist – neben der artgerechten Haltung und einwandfreiem Futter – eine sichere Umgebung. Denn Pferde sind neugierig und in ihren Bewegungen oft schnell und heftig. Überprüfen Sie Stall und Box auf scharfe Gegenstände, Nägel, scharfe Kanten und Steine, zerbrochene Glasscheiben. Die Box eines eingesperrten Pferdes muss gänzlich frei von solchen Gegenständen sein. Es darf keine Möglichkeiten geben, an denen das Pferd hängen bleiben, sich verletzen kann. Und die Pferde sollten in der Box ohne Halfter gehalten werden.

Sind Löcher in der Holzwand, in die das Pferd treten, breitere Ritzen, unter denen es sich festlegen kann?

Ist die Zaunanlage in Ordnung oder gibt es auch hier hervorstehende Nägel (was immer wieder passiert), zerbrochene Latten, an denen sich das Pferd verletzen kann? Womöglich Stacheldraht, der nichts auf einer Weide oder Pferdeanlage zu suchen hat. Sind alle Drähte und Elektrozaunlitzen fest miteinander verbunden oder hängen sie lose herum? Liegen oder stehen gefährliche, scharfe Gerätschaften in erreichbarer Nähe der Pferde herum? Befinden sich auf der Weide oder im Auslauf scharfe Steine, gibt es tiefe Löcher oder Schächte auf dem Auslauf, Betonrillen, in denen der Huf hängen bleiben kann?

Ist der Futterplatz sauber, in Bodenhöhe und so eingerichtet, dass das Pferd weder mit dem Kopf, noch mit den Beinen hängen bleiben und in Ruhe fressen kann (auch wenn es rangniedrig ist)?

Alle Bereiche, in denen sich Pferde aufhalten, müssen unbedingt auf Giftpflanzen abgesucht werden.

Eine gründliche Umgebungskontrolle schränkt Verletzungen von vornherein erheblich ein.

Das gehört in jede Stallapotheke

So sollte eine gut sortierte Stallapotheke aussehen, die jederzeit einsatzbereit ist.

Hand aufs Herz: Ist Ihre Stallapotheke auch diese verstaubte Kramkiste, in der ein paar alte Mullbinden und abgelaufene Wundsalben herumfliegen? Die Investition in eine gut verschließbare, gegen Feuchtigkeit geschützte Kiste oder ein Schränkchen mit vollständigem Inhalt lohnt sich und kann Leben retten. Ihr Tierarzt hilft Ihnen sicher gerne bei der Zusammenstellung.

Und das gehört hinein:

Jodsalbe

Jodlösung 3-prozentig / Jodwaschlösung

sterile Spritzen

Verbandsmaterial:

- elastische Binden (10 Zentimeter breit)
- selbstklebende Binden
- Watte
- sterile Wundauflagen (Gazetupfer)
- Gewebeband (festes Klebeband)
- saubere Handtücher
- Coolpacks sind kein Muss, können aber hilfreich sein

Einmalhandschuhe

digitales Fieberthermometer

Taschenlampe

Maulkorb

Schere

Liste mit den wichtigsten Telefonnummern:

- Tierärzte der Umgebung
- Tierkliniken (Achtung: Nur wenige Kliniken operieren bei Kolik!) mit Wegbeschreibung
- Schmied
- Notruf für Menschen
- eigene Telefonnummer (sollten Fremde Ihr Pferd versorgen müssen)
- Wer verleiht einen Pferdeanhänger

Equidenpass(=Pferdepass)

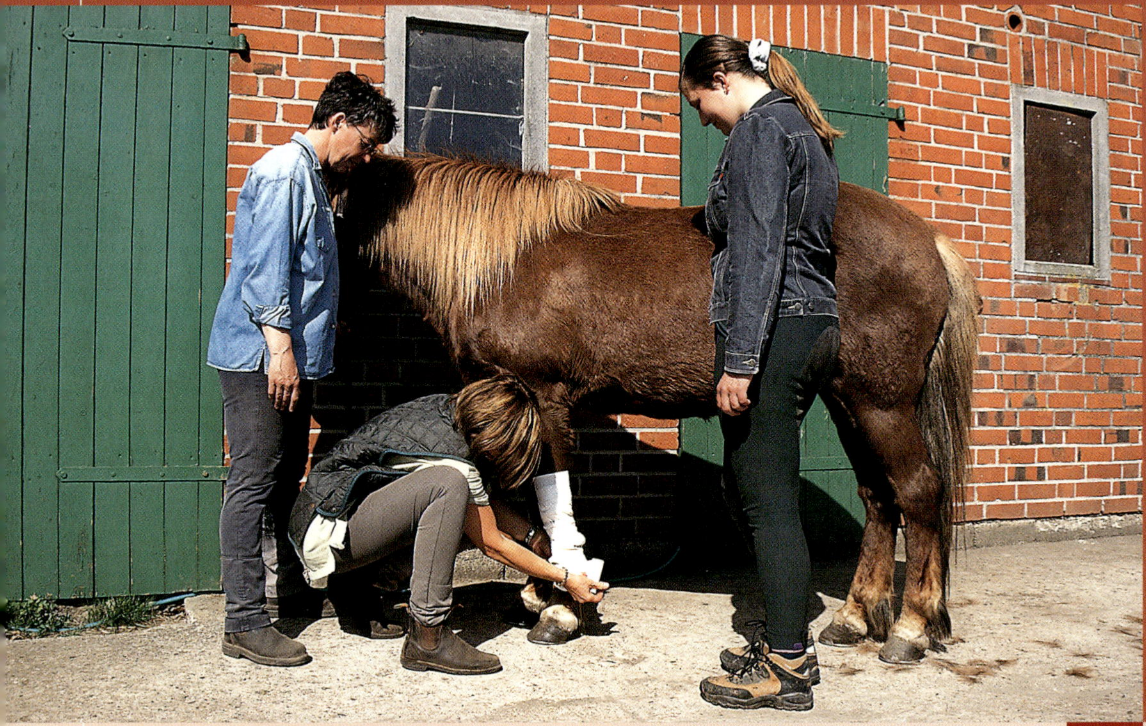

Es empfiehlt sich, das Verbandanlegen bereits „trocken“, ohne Notfall zu üben, damit dann die Handgriffe richtig sitzen.

Der Notfall ist eingetreten

In der Natur eines Notfalles liegt es, dass er überraschend und meist unvorbereitet eintritt. Gegen Letzteres können Sie einiges tun.

1. Halten Sie Ihre Stallapotheke immer auf einem aktuellen, vollzähligen Stand.
2. Üben Sie bestimmte Handgriffe, die zur Ruhigstellung und zum Verbinden nötig sind, bereits in einer stressfreien Situation ohne Notfall.
3. Machen Sie sich mit Ihrem Pferd so vertraut als Führungsperson, dass es sich Ihnen auch in Notfallsituationen anvertrauen mag.

Ein Notfall bedeutet immer Stress für Mensch und Tier. Umso wichtiger ist es, Ruhe zu bewahren:

- Verschaffen Sie sich einen genauen Überblick.
- Was für eine Notfallsituation liegt vor?
- Wie schwerwiegend ist die Verletzung/Symptomatik?
- Ist das Pferd durch die Umgebung gefährdet?
- Sind andere Tiere oder Menschen gefährdet oder verletzt (bei einem Unfall)?
- Besorgen Sie sich eine oder mehrere

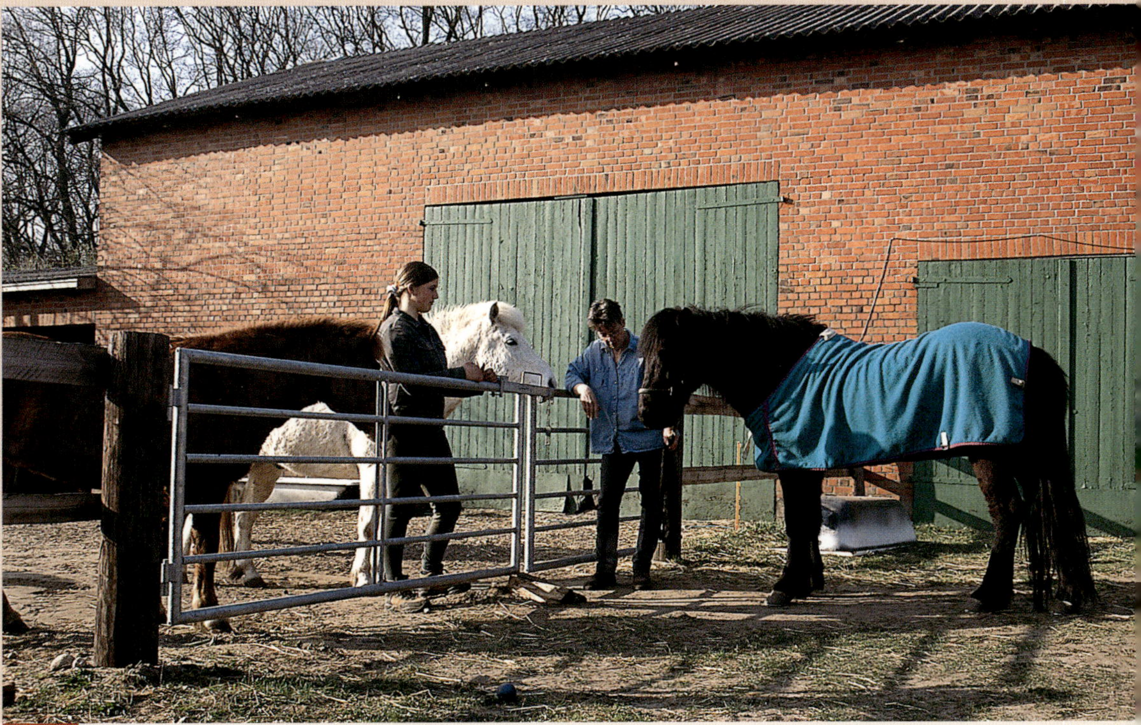

Das kranke oder verletzte Pferd sollte in der Nähe der vertrauten Stallgenossen ruhig gestellt werden, bis der Tierarzt kommt.

kompetente Hilfspersonen, die Ihnen das Pferd halten oder anderweitig zur Hand gehen können.

- Rufen Sie den Tierarzt und geben Sie so genau wie möglich die Art und den Grad der Verletzung/Symptomatik an.
- Sorgen Sie für Licht und sauberes, am besten fließendes Wasser.
- Bringen Sie das Pferd in einen ruhigen und stressfreien Aufenthaltsort und vermitteln Sie ihm Ruhe und Zuversicht. Wenn Sie dazu nicht in der Lage sind, holen Sie sich Hilfe, die das leisten kann. Andere Tiere sollten auf Abstand gehalten werden, aber nicht ganz außer Sichtweite, zur Beruhigung des kranken Tieres.
- Versorgen Sie das Pferd so weit es in diesem Buch beschrieben ist. Leisten Sie erste Hilfe.
- Sollte es nötig sein, kümmern Sie sich bereits jetzt schon um eine Transportmöglichkeit für einen eventuellen Klinikaufenthalt.

Krankheiten

Bei den Symptomen können ein oder mehrere der genannten Merkmale vorhanden sein. Die Erste-Hilfe-Maßnahmen beziehen sich auf Aktivitäten bis zum Eintreffen des Tierarztes. Sie ersetzen den Tierarztbesuch nicht!

Wunden

1. Hauptursachen:
Scharfe, spitze Gegenstände, an denen das Pferd sich verletzen kann (Nägel, scharfe Steine, Gerätschaften auf dem Hof und Weide, kaputte Stellen am Zaun und der Box, scharfe Kanten)

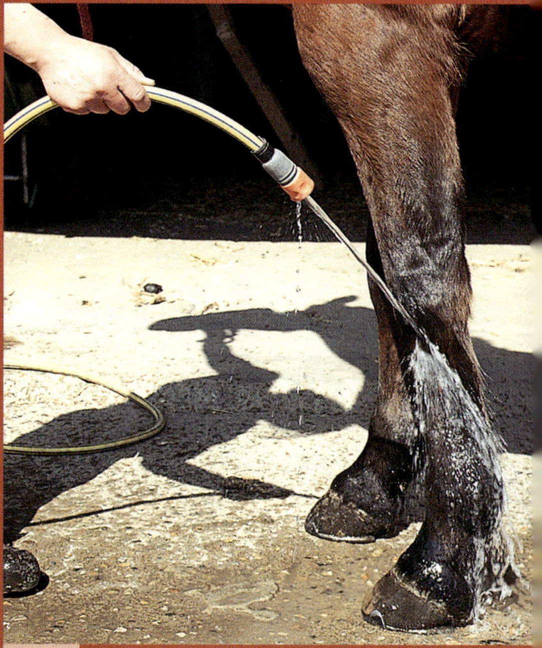

Wunden kann man entweder mit einem Strahl sauberen Wassers reinigen ...

... oder mit einer Jodlösung, die mit einer Spritze auf und um die Wunde gespritzt wird.

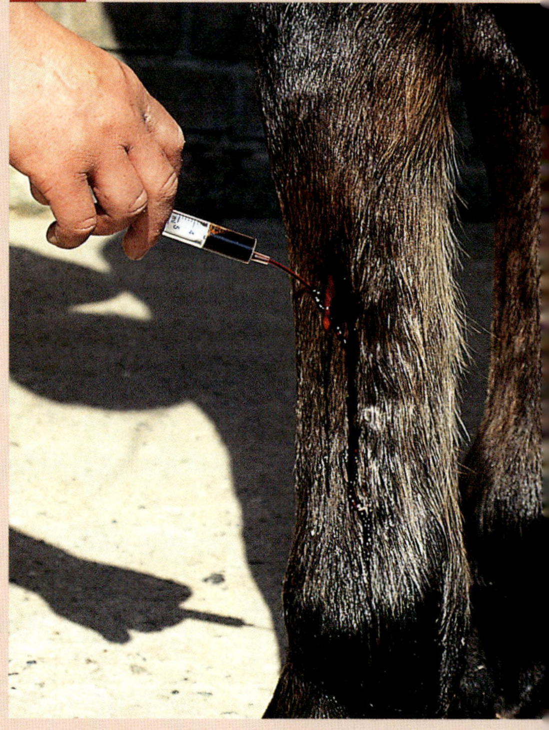

2. Symptome

- offene Wunde
- Blut
- Schwellungen nach einigen Stunden rund um die Verletzung
- Lahmheit

3. Erste Hilfe:
Für alle Verletzungsarten mit Wunden gilt, dass das Pferd bis zum Eintreffen des Tierarztes so untergebracht werden sollte, dass die Wunde nicht weiter verschmutzen kann und das Pferd ruhig steht.

Fremdkörper

- Größere Fremdkörper müssen unbedingt in der Wunde bleiben, weil die Möglichkeit besteht, dass Blutgefäße durchtrennt wur-

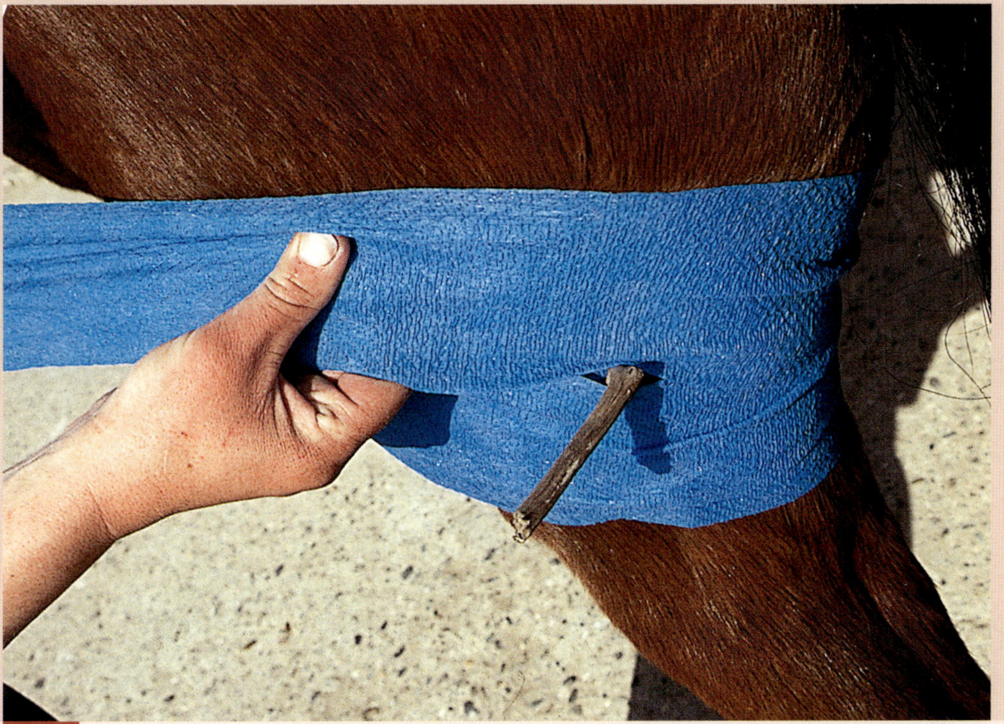

Größere Fremdkörper nicht entfernen, sondern fixieren, bis der Tierarzt kommt. Es könnten große Blutgefäße verletzt sein.

den. Unter Umständen verhindert der Fremdkörper eine noch stärkere, lebensbedrohliche Blutung.

- Den Fremdkörper so fixieren, dass er sich so wenig wie möglich bewegen kann, und schnellstmöglich den Tierarzt rufen.

Frische Wunden

- Reinigen der Wunde mit reinem, fließendem Wasser, sowohl um als auch auf der Wunde. Keine Zusätze ins Wasser und auch nicht reiben oder mit Lappen und Ähnlichem an der Wunde hantieren.
- Anschließend mit Jodlösung sprühen oder spülen (mithilfe einer Einwegspritze, ohne die Wunde zu berühren!).
- Sterile Wundauflage auflegen und fixieren (Vorsicht: Eventuell reagiert das Pferd mit extremen Abwehrbewegungen).

Verband zum Abdecken von Wunden

a) Röhrbeinverband

Decken Sie die Wunde mit einer sterilen Wundauflage ab. Umwickeln Sie das gesamte Röhrbein inklusive Fesselgelenk mit einer dicken Lage Watte. Achten Sie dabei unbedingt darauf, dass die Watte glatt, ohne Falten anliegt. Beginnen Sie damit, eine elastische Binde, Klebebinde oder Bandage in der Mitte des Röhrbeines mit mäßigem Zug und glatt ohne Knoten oder Ähnlichem Richtung Fesselgelenk zu wickeln. Von dort wieder zurück nach oben

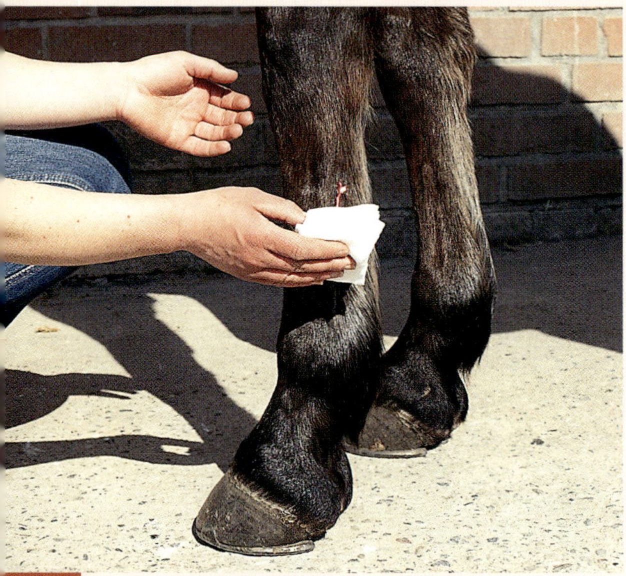

Die gereinigte Wunde mit einer sterilen Wundauflage abdecken ...

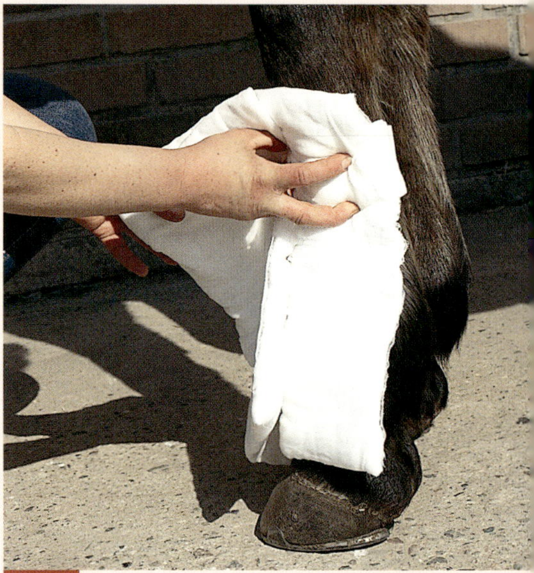

... eine dicke Lage Watte darüber und um das Bein legen ...

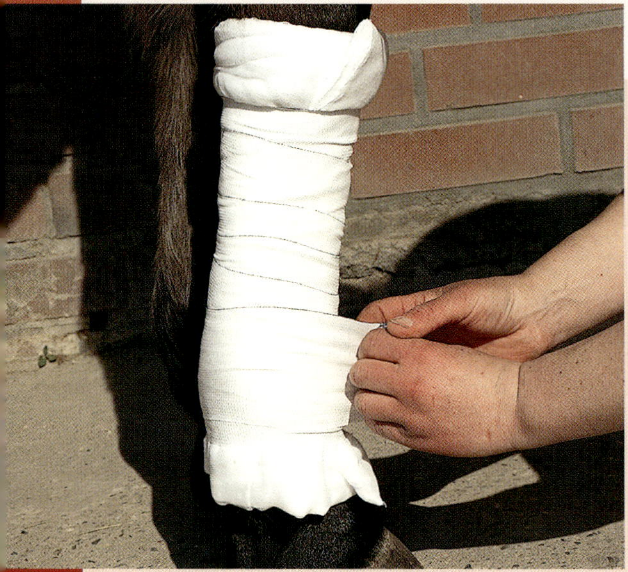

... mit einer breiten elastischen Binde umwickeln ...

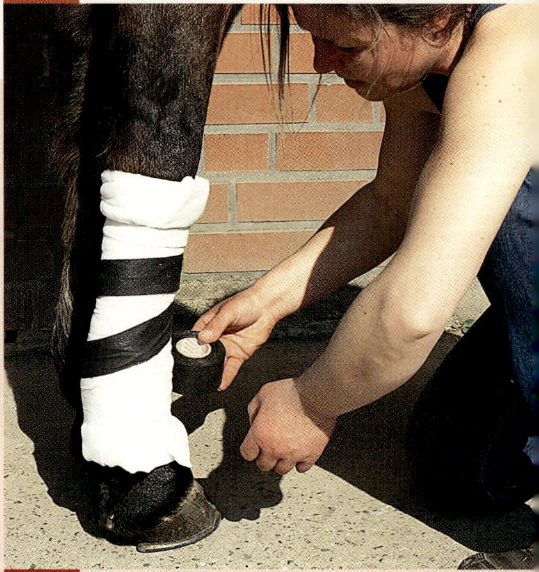

... und mit Klebeband fixieren – ohne einzuschnüren.

Richtung Vorderfußwurzel- beziehungsweise Sprunggelenk und erneut zurück Richtung Fesselgelenk. Die einzelnen Touren der Binde/Bandage sollten sich dabei etwa ein Drittel überlappen. An dem oberen und unteren Ende des Verbandes muss die Watte immer etwa 2 Zentimeter über die Binde/Bandage überstehen.

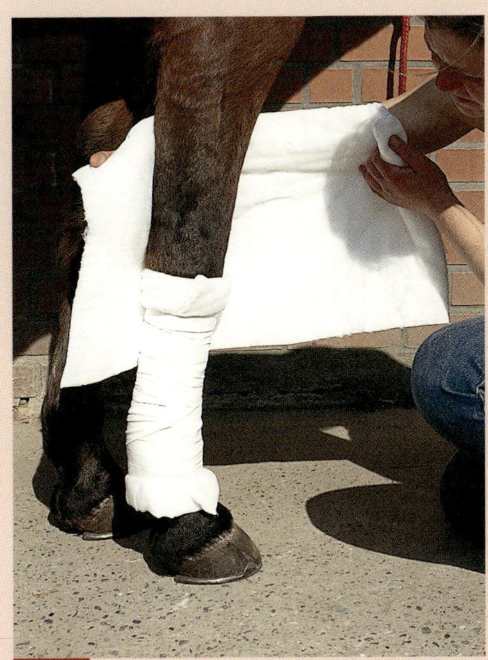

Über den Röhrbeinverband die Wattelage legen ...

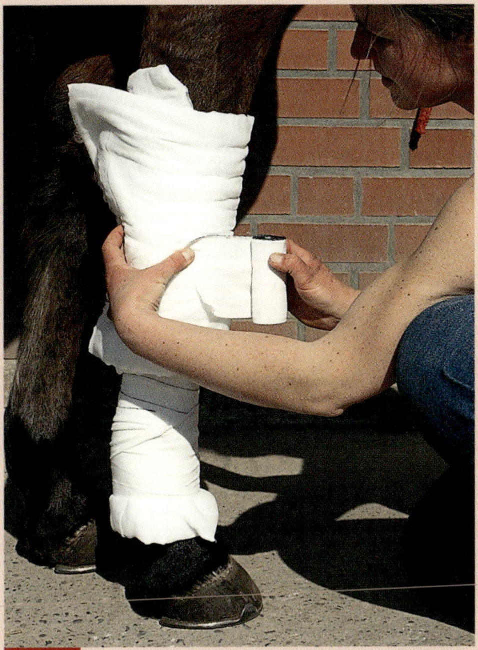

... mittig mit der Umwickelung mit einer elastischen Binde beginnen...

... und in Bahnen bis zum Röhrbeinverband mit umwickeln.

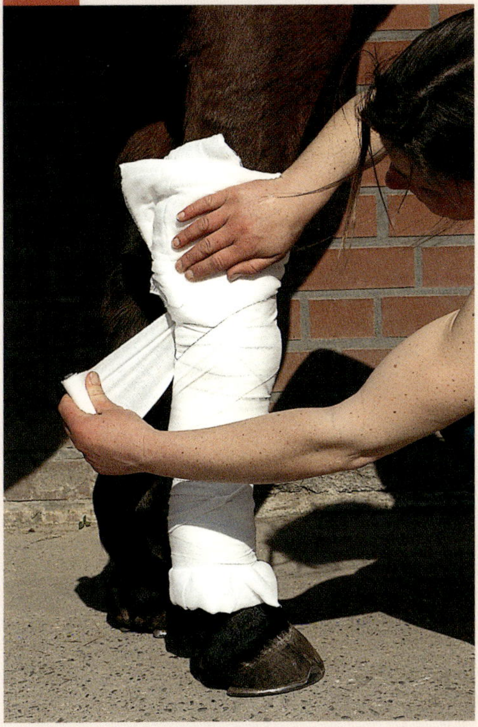

b) Hoher Verband

Verband zum Abdecken einer Wunde oberhalb des Vorderfußwurzel- beziehungsweise Sprunggelenkes (aufgesetzter Verband)

Zuerst machen Sie einen Röhrbeinverband wie unter a) beschrieben. Decken Sie die Wunde mit einer sterilen Wundauflage ab. Zur Polsterung mit Watte beginnen Sie bereits gut 10 Zentimeter auf dem Röhrbeinverband und wickeln Sie beliebig weit nach oben – je nach Lokalisation der Wunde. Wenn Sie die elastische Binde/Bandage über die Polsterung wickeln, beginnen Sie mittig und arbeiten Sie sich mit mäßigem Zug in faltenfreien Touren Richtung Röhrbeinverband vor und umwickeln Sie ungefähr das obere Drittel des Röhrbeinverbandes. Von dort müssen Sie dann wieder nach oben wickeln. Am oberen Rand müssen Sie wieder mindestens 2 Zentimeter Watte herausgucken lassen.

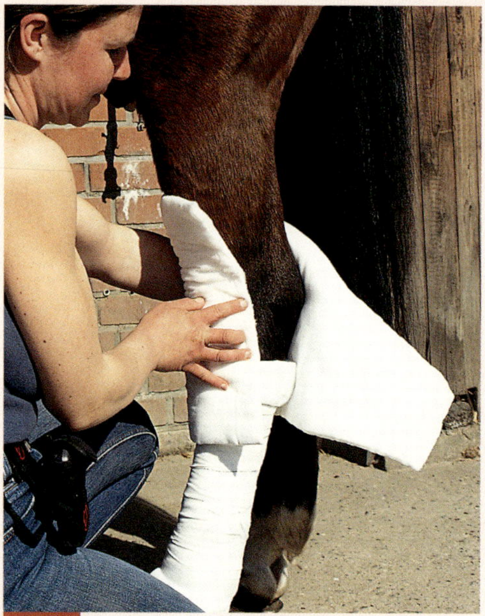

Auch bei einer Verletzung am Sprunggelenk erst den Röhrbeinverband legen, darauf den eigentlichen Verband um die Wunde.

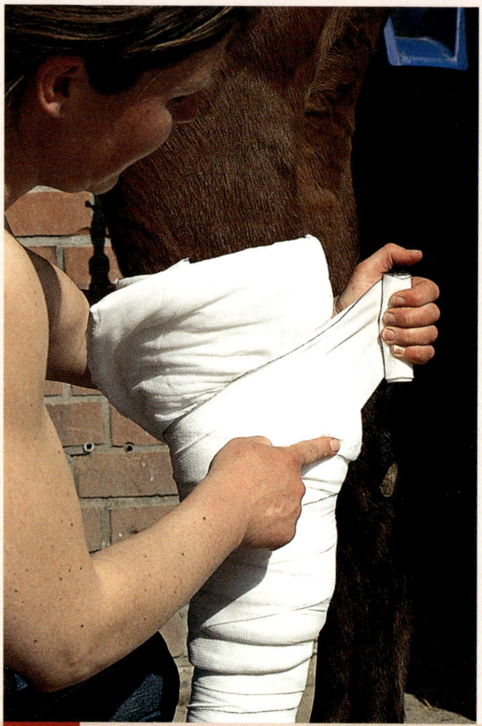

Mit viel Watte auspolstern und beim Umwickeln den Fersenhöcker ein wenig freilassen.

Beide Verbände mit Klebeband fixieren, ohne einzuschnüren.

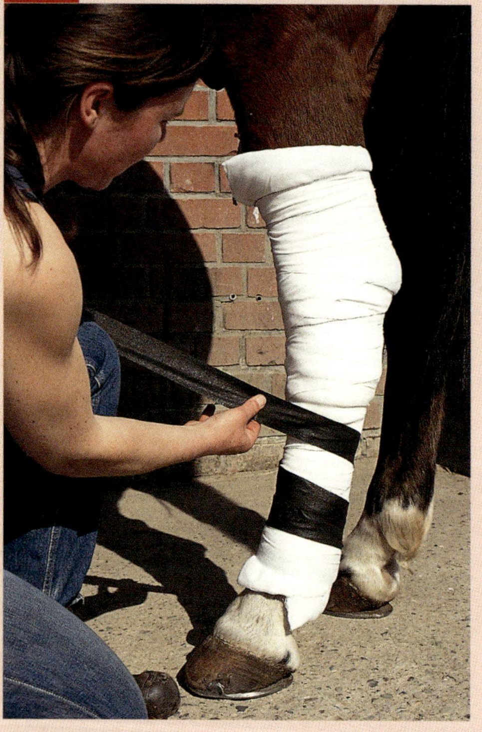

Je höher ein Verband angelegt wird, desto schlechter ist er zu fixieren. Aber bis zum Eintreffen des Tierarztes wird auch dieser halten.

Ist die Verletzung allerdings wirklich in Höhe des Knies, sollten Sie zur Schonung Ihrer eigenen und der Nerven Ihres Pferdes lieber auf einen Verband verzichten.

Auch wenn es mühevoll scheint: Ein Aufsatzverband lohnt sich immer. Zum einen, weil so der obere Verband nicht rutschen kann. Zum anderen, weil ohne Röhrbeinverband das Röhrbein extrem schnell und stark anschwillt.

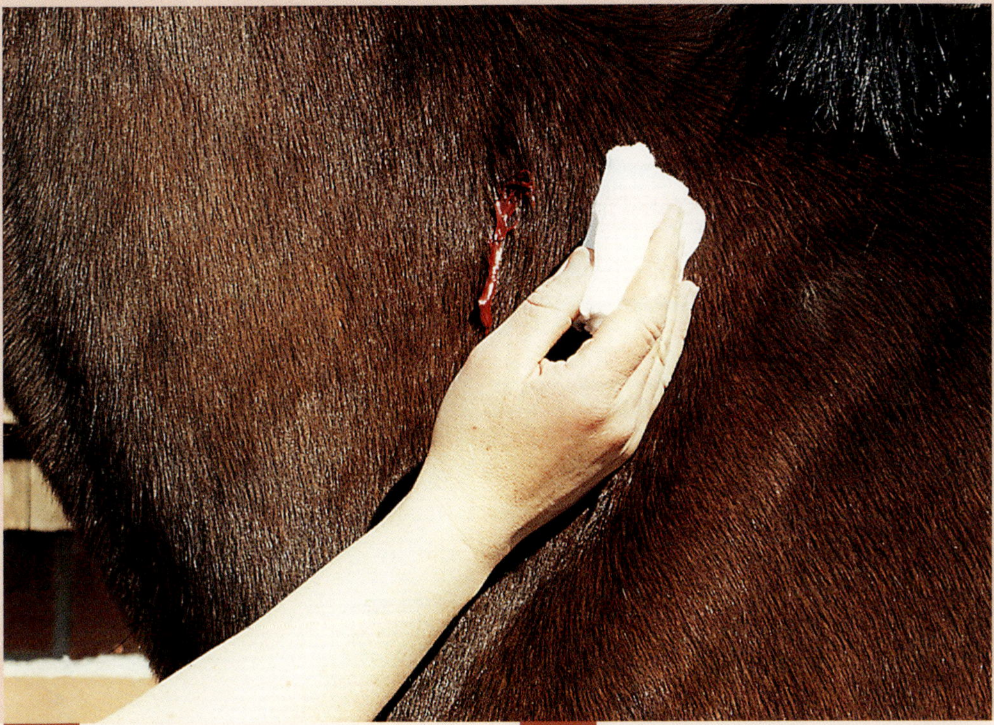

Stark blutende Wunden am Hals kann man nicht verbinden. Wunde mit steriler Auflage abdecken ...

... und mit einem Handtuch oder Ähnlichem fest dagegen drücken, bis der Tierarzt kommt.

Stark blutende Wunden

In dem Fall ist ein Blutgefäß verletzt.

- Unter fließendem Wasser säubern ohne Zusätze.
- Sterile Wundauflage auflegen.
- Druckverband anlegen, wenn es sich um eine Beinverletzung handelt.
- Wenn die Verletzung im Rumpf-, Kopf- oder Halsbereich liegt, mit einem sauberen, zusammengerollten Handtuch (bitte vorher sterile Wundauflage unterlegen!) mit der Hand gegen die Wunde drücken, bis der Tierarzt kommt.

Druckverband

Der Druckverband soll die Blutung stoppen. Der grundsätzliche Aufbau ist genauso wie bei dem Röhrbein- beziehungsweise aufgesetzten Verband. Allerdings müssen Sie bei einem Druckverband auf die sterile Wundauflage rund zehn bis 20 saubere Papiertaschentücher oder eine zusammengerollte, saubere elastische Binde legen, bevor Sie die Watte und danach die elastische Binde/Bandage wickeln. Sollte es durchbluten, nicht den ganzen Verband abnehmen, sondern bis zum Eintreffen des Tierarztes eine weitere Lage wickeln.

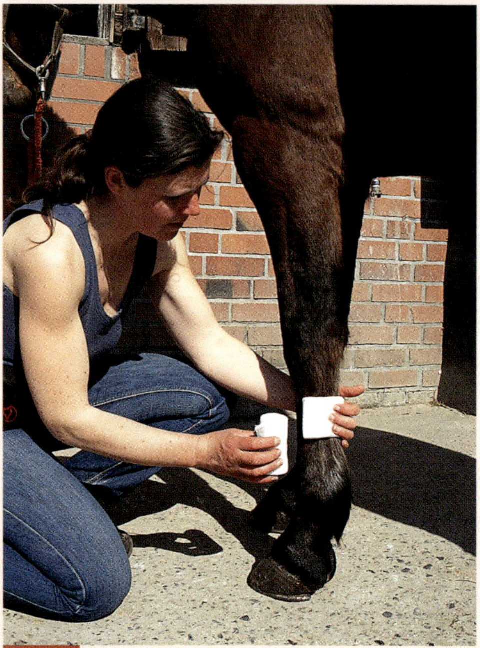

Der Druckverband am Bein lässt sich leichter fixieren. Wunde steril abdecken ...

... Verbandrolle/Taschentuchpaket darüber legen ...

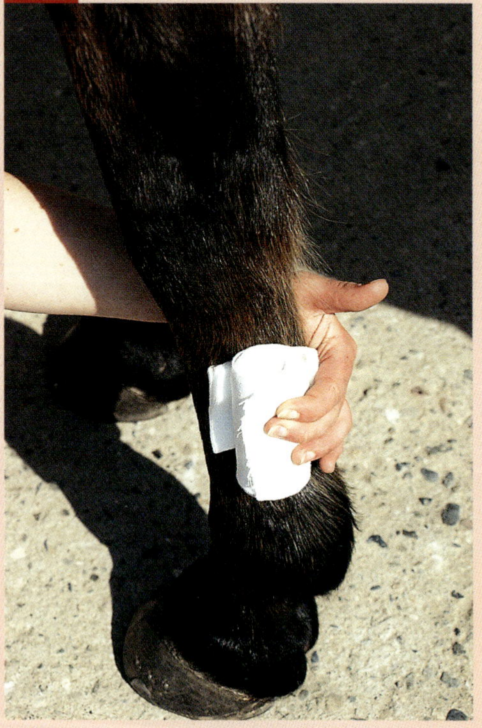

... mit Watte umwickeln und dann mit einer Binde stark fixieren.

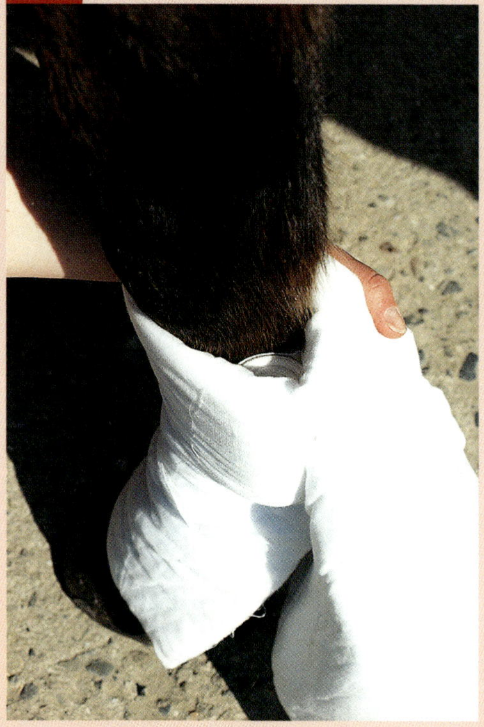

Verkrustete Wunden

- Mit lauwarmem Wasser säubern.
- Mit einer Jod-Waschlösung mithilfe von sterilen Gazetupfern die Wunde aufweichen.
- Mit Jodsalbe desinfizieren.

Einschüsse

So bezeichnet man beim Pferd die fortschreitende Entzündung des Bindegewebes und der Lymphgefäße, die durch eine Verletzung, Hautentzündungen oder Ähnliches ausgelöst wurde. Dadurch kommt es zu einer rasanten Verdickung des Gewebes (Anschwemmungen von Körperflüssigkeiten). Da das beim Pferd extrem schnell passiert, wird es „Einschuss" genannt.

- Wunde suchen.
- Vorsichtig säubern wie bei verkrusteten Wunden.
- Kühlen mit kalten Umschlägen oder Coolpacks.

Nasse Handtücher und Coolpacks eigenen sich zwar wunderbar zum Kühlen, lassen sich durch ihr hohes Eigengewicht aber oft schwer länger als einige Minuten anbringen (und eignen sich eigentlich auch nur für sehr ruhig stehende Pferde).

Vorbeugung

Wunden kann man in einem Pferdeleben niemals ganz ausschließen. Eine gründliche und regelmäßige Umgebungskontrolle verhindert aber größere und vor allem fahrlässige Verletzungen.

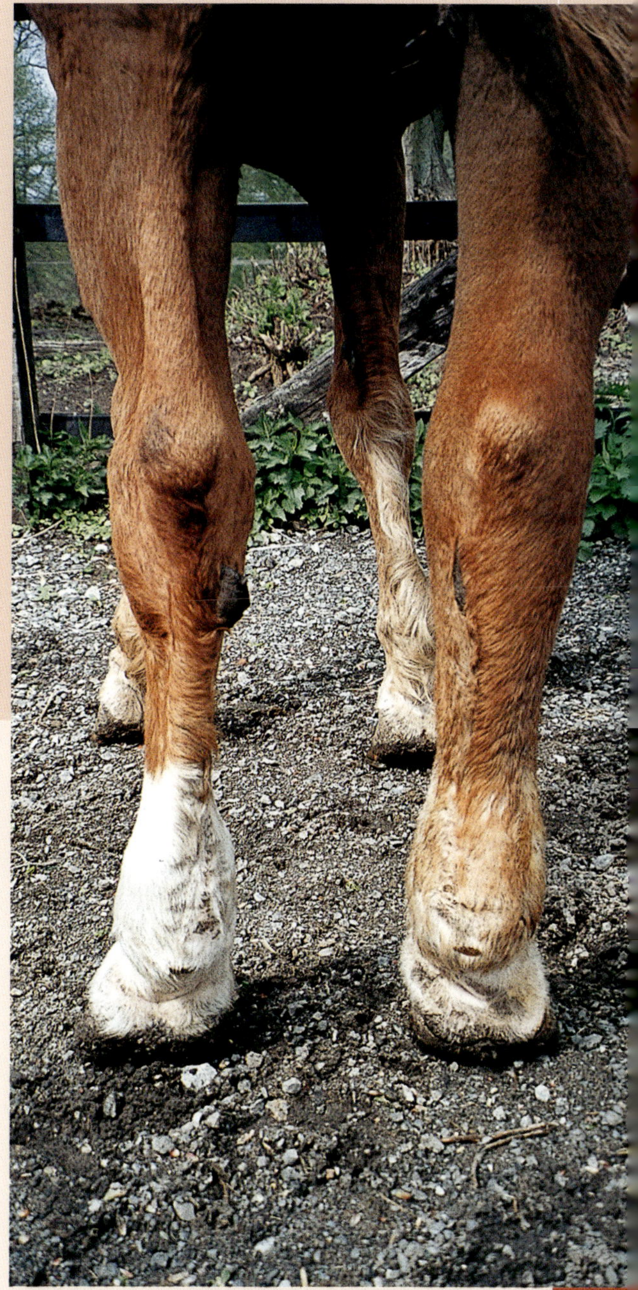

Bei einem Einschuss schwillt das Bein ungewöhnlich stark an.

Das nasse Handtuch um das Pferdebein legen ...

... und so gut wie möglich mit einer elastischen Binde fixieren.

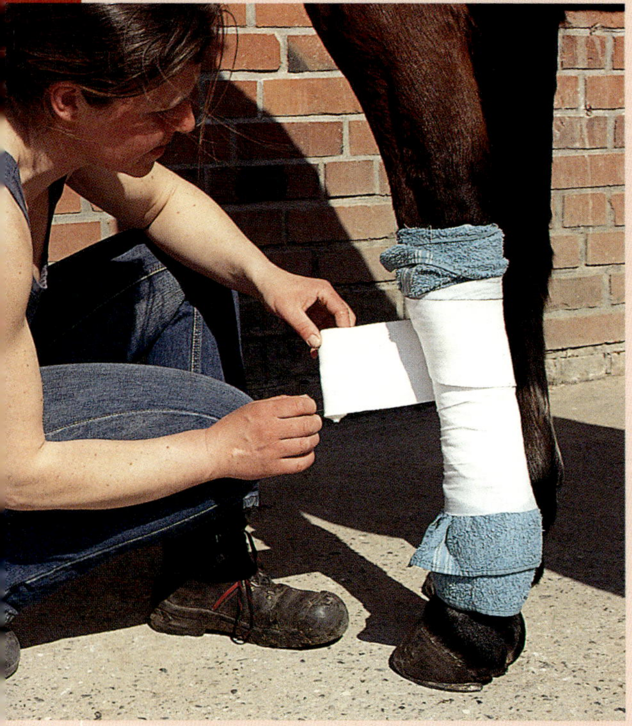

Zerrungen/Prellungen

1. Hauptursachen:

Fehltritte, kurzfristige, plötzliche Überbeanspruchung und -dehnung, reiterliche Überbeanspruchung, schlechte Bodenverhältnisse, Toben, Hängenbleiben, Zug und Stauchung

2. Symptome:

- Lahmen
- gestörter Bewegungsablauf (das Pferd ist steif, lässt sich nicht im Hals und Rumpf biegen, läuft staksig)
- schief gestellter Schweif
- Schwellung
- Wärme
- schmerzempfindlich auf Berührung

3. Erste Hilfe:

- Pferd ruhig stellen.
- Mit fließendem kaltem Wasser kühlen.
- Kühlende Umschläge (Coolpacks oder feuchte, saubere Handtücher) auflegen.

4. Vorbeugen:

Beim Reiten ist es besonders wichtig, das Pferd lange genug warm zu reiten. Mindestens 15 Minuten im Schritt bewegen, bis die Gelenkflüssigkeit geschmeidig genug ist, um das Gelenk störungsfrei beweglich zu halten. Bodenverhältnisse bei der Arbeit berücksichtigen. Bewegungsfreudige Pferde nicht auf gefrorenen, durchgetretenen Matschpaddocks toben lassen. Orthopädischer Hufbeschlag bei schlechter Beinstellung.

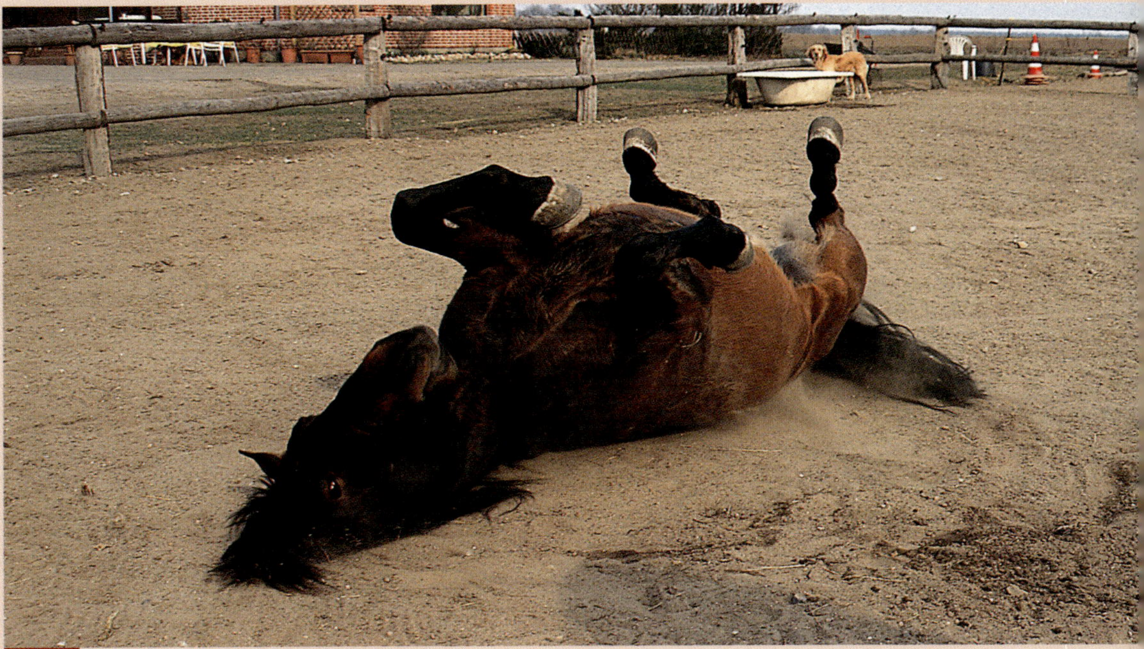

Unruhiges Wälzen und nach dem Bauch schlagen sind sichere Kolikanzeichen.

Kolik

Wie für alle Pflanzenfresser ist es auch für Pferde schwierig, die Zellulose aufzuschlüsseln, was zu einem sehr störanfälligen Verdauungssystem führt. Das Pferd bekommt Bauchschmerzen. Die krankhaften Veränderungen des Darmes können das Pferd so stark belasten, dass es zum Kreislaufversagen und schließlich sogar zum Tod kommen kann.

1. Hauptursachen:

- schlechtes Futter (verunreinigt, schimmlig, nicht artgerecht)
- abrupte Futterumstellung
- Bewegungsmangel
- Stress (Stall-, Weidewechsel, Turniere, Rangkämpfe)
- Wetterumschwung
- Wassermangel
- orale Sandaufnahme
- Parasiten

2. Symptome:

- Das Pferd frisst nicht oder nur wenig.
- Scharren
- häufiges Hinlegen, unruhiges Wälzen
- Schweifschlagen (ohne Insekten)
- zum Bauch umdrehen und hinsehen, nach ihm schlagen
- Schwitzen
- Flehmen
- Teilnahmslosigkeit
- manchmal auch „Bewegungsunlust"
- Schmerzgesicht (unter anderem hochgezogene Nüstern, Kuhlen über den Augen, verspannte Maulpartie, Zähneknirschen, weite Pupillen)

Wenn Pferde bei der Suche nach Futter viel Sand mit aufnehmen, kann es leicht zur Kolik kommen.

3. Erste Hilfe:

- Sofort Futter entziehen.
- Je nach Jahreszeit leichte Abschwitzdecke auflegen, um den Kreislauf nicht noch mehr zu belasten.
- Ruhig im Schritt führen (nicht longieren oder belasten).
- Nicht wälzen lassen (Darm kann sich sonst verschlingen).
- Nux Vomica C 30 Globuli geben (homöopathisches Mittel, das krampflösend wirkt). zwei bis drei Kügelchen in einem Wasserglas auflösen. In einer Einwegspritze aufziehen und alle zehn bis 30 Minuten direkt ins Maul geben.

4. Vorbeugen:

Seien Sie besonders sorgfältig bei der Futterauswahl und beim Weidegang. Versuchen Sie die unter 1. aufgeführten Punkt zu vermeiden.

Schlechtes, angeschimmeltes Futter gehört nicht auf den Speiseplan der Pferde.

Legen Sie unbedingt offene Schlingen um die Beine, damit sie sich beim Aufstehen schnell lösen können.

Festliegendes Pferd

Es kann immer mal wieder vorkommen, dass sich Pferde in ihrer Box festlegen. Das heißt, sie kommen aus eigener Kraft nicht mehr hoch. Entweder weil sie so dicht an der Wand liegen oder weil sie mit den Beinen festklemmen.

Stürzen Sie nicht gleich dazu, sondern holen Sie sich mindestens eine Hilfsperson hinzu (besser noch eine dritte, die den Kopf des Tieres fixieren kann). Organisieren Sie zwei lange Stricke, besser noch Longen. Denn so eine Befreiungsaktion kann für den Menschen sehr gefährlich werden, da die Pferde oft panisch strampeln und plötzlich aufspringen.

Eventuell festgeklemmte Gliedmaßen müssen natürlich vorher befreit werden, bevor Sie die Longen anlegen. Unter Umständen müssen Sie sogar Balken und Bretter entfernen, wenn sich das Pferd nicht bewegen lässt. Aber Achtung: Es sollte nicht zu viel Stress auslösender Krach entstehen.

Legen Sie die Seile/Longen als offene Schlingen in die Fesselbeuge der unten liegenden Beine. Sprechen Sie sich mit dem Helfer ab und ziehen Sie im selben Moment gleichmäßig. Halten Sie sich den Rückweg frei und springen Sie schnell genug zur Seite.

In einigen Fällen ist es nicht möglich, das Pferd zu befreien. Oder das Tier wird bei der Befreiungsaktion extrem unruhig und es besteht die Gefahr, dass das Pferd sich oder die helfenden Menschen verletzt. In solchen Fällen warten Sie bitte unbedingt auf den Tierarzt, der Ihrem Pferd dann eine Beruhigungsspritze geben kann.

Untersuchen Sie das Pferd unbedingt nach dem Aufstehen auf Verletzungen.

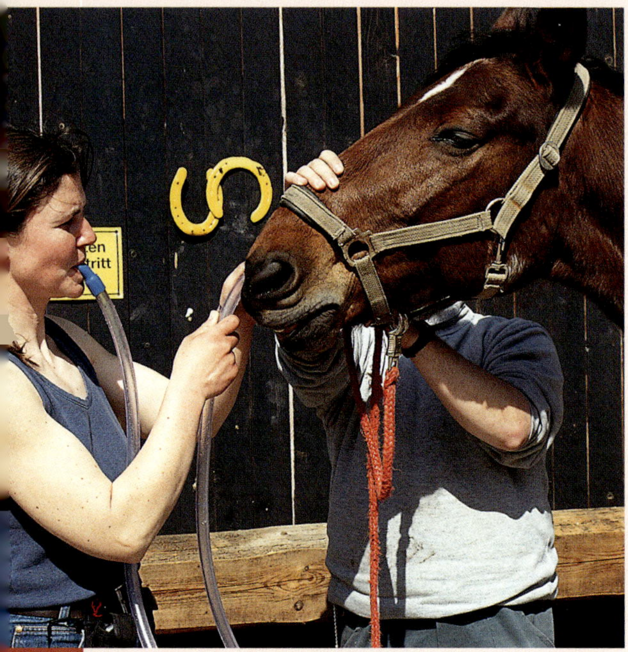

Mit Hilfe der Nasenschlund-Sonde kann die Speiseröhre meist mit Wasser freigespühlt werden.

Schlundverstopfung

1. Hauptursachen:

- Futterqualität (Pellets brauchen viel Speichel, den gierige Pferde oft nicht genügend entwickeln. Schlecht- oder uneingeweichte Rübenschnitzel, Heucobs)
- Gemüse- und Obststücke, die zu klein geschnitten wurden
- Zahnprobleme
- Stress
- Futterneid

2. Symptome:

- wässrig-schleimiger Ausfluss von Futterbrei aus Maul und/oder Nüstern. Der Ausfluss kann auch klar und farblos sein und stoßweise in extremen Mengen auftreten.
- gesenkter Kopf
- Husten
- stoßweise Anspannung der gesamten unteren Halsmuskulatur
- Unruhe
- Schwitzen
- zum Teil sogar Atemnot
- Futterverweigerung

3. Erste Hilfe:

- Absoluter Notfall: Sofort den Tierarzt verständigen!
- Pferd beruhigen.
- leichte Abschwitzdecke überlegen.
- Ruhig stellen.
- Nux Vomica Globoli C 30 geben (zwei Stück unter die Lippe schieben)

4. Vorbeugen:

Weichen Sie Rübenschnitzel/Masch und Pellets unbedingt lange genug ein. Füttern Sie nur ganze Möhren oder schneiden Sie sie in große Stücke (Äpfel/Rote Beete halbieren). Geben Sie Kraftfutter/Getreide und Gemüse/Obst getrennt. Sorgen Sie für einen stressfreien Fressplatz. Lassen Sie mind. einmal pro Jahr eine Zahnkontrolle durch ihren Tierarzt vornehmen.

Gemüse und Kraftfutter müssen in getrennten Eimern verfüttert werden. Möhren & Co. nicht zu klein schneiden.

Hufverletzungen

1. Hauptursachen:

- spitze Gegenstände (Nägel, Steine)
- abgerissene Hufeisen, bei denen sich die Hornwand mit ablöst

2. Symptome:

- Lahmen (in allen Abstufungen von leicht bis hochgradig)
- warmer Huf
- Pulsation (hinten am Fesselkopf laufen links und rechts zwei Blutgefäße. Wenn unterhalb dieser Stelle eine Entzündung liegt, fühlt man den Pulsschlag dort regelrecht pochen.)
- Blutkrusten an der Hufsohle bei tiefen Schnitt- und Stichverletzungen
- offensichtliche Fremdkörper, die im Hufhorn feststecken

3. Erste Hilfe:

- Fremdkörper mit geeignetem Werkzeug entfernen.
- Mit fließendem kaltem Wasser säubern.
- Mit Jodlösung desinfizieren (benutzen Sie dazu eine Einwegspritze).
- Ruhig und sauber stellen.
- Notverband anlegen.

Hufverband

Der Notverband soll dafür sorgen, dass kein weiterer Schmutz in die Hufverletzung gelangen kann, bis der Tierarzt einen haltbaren Verband anbringen kann.

Legen Sie auf die gesäuberte Wunde sterile, eventuell mit Jodlösung getränkte Wundauflagen. Polstern Sie den gesamten Huf (Hufsohle, Hufwände, Ballen) bis etwa 2 Zentimeter über den Kronrand hinaus mit Watte. Alternativ eignen sich hierfür hervorragend saubere Wegwerfwindeln für Säuglinge. Umwickeln Sie den Huf inklusive Polsterung mit Gewebeband. Am besten bereiten Sie sich eine Art Sohle vor, indem Sie mehrere 20–25 Zentimeter lange Streifen überlappend parallel zueinander verkleben, bis sich ein Viereck ergibt. Diese Klebebandsohle befestigen Sie unter dem Huf (während er von einer Hilfsperson aufgehalten wird). Drücken Sie die Klebebandenden an die Hufwände. Fixieren Sie die Sohle, indem Sie die Bandenden ebenfalls mit Gewebeband kreisförmig umwickeln und bis zum Kronrand an der Hufwand hochwickeln.

Lassen Sie oben etwa 2 Zentimeter der Polsterung unumwickelt frei.

4. Vorbeugen:

Regelmäßige und gründliche Umgebungskontrolle. Wählen Sie die Reitwege mit Bedacht auf ihre schmerzfreie Bereitbarkeit.

Bereiten Sie sich auf dem Bein mit Klebeband die Hufsohle vor.

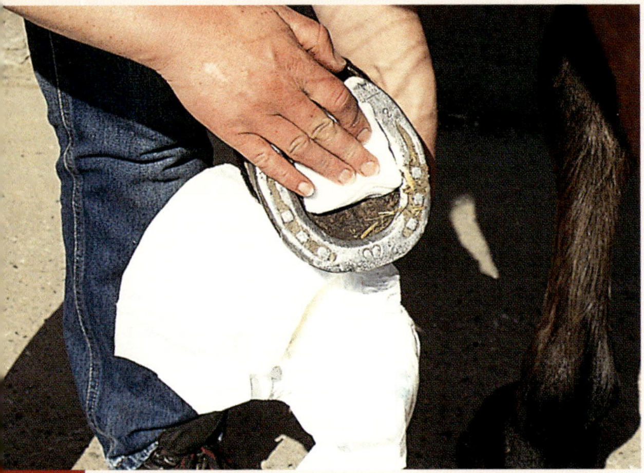

Decken Sie die Wunde auch hier nach dem Reinigen mit einer sterilen Auflage ab.

Eine Wegwerfwindel eignet sich hervorragend als Hufpolster und Verband.

Drücken Sie die vorbereitete Hufsohle an, klappen Sie den Rand um ...

... und fixieren Sie die Sohle mit Klebeband am Hufrand.

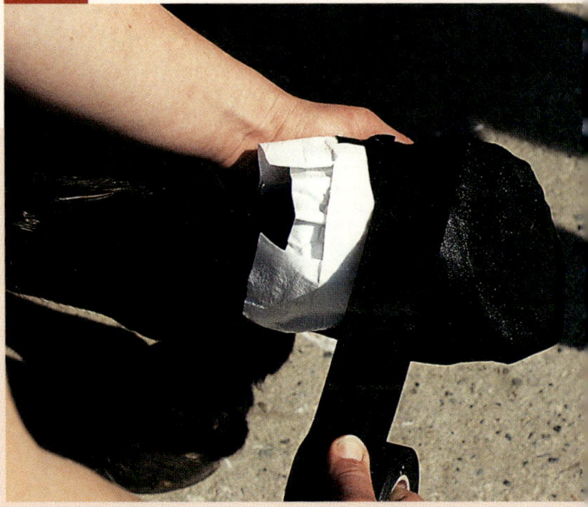

Hufrehe

Bei dieser Erkrankung des Pferdes kommt es zu einer extremen Schmerzempfindlichkeit der Hufsohle. Sie tritt überwiegend an beiden Vorderhufen gleichzeitig auf. In sehr seltenen Fällen kann sie aber auch nur an einem oder an allen vier Hufen gleichzeitig auftreten. Es ist besonders wichtig, schnell zu reagieren. Je eher der Tierarzt therapieren kann, desto geringer fallen die Spätfolgen für das Pferd aus.

1. Hauptursachen:
Hierfür gibt es mehrere Theorien, die nicht endgültig erforscht sind. Man unterscheidet vier verschiedene Rehearten:

Fütterungsbedingte Rehe:
Von ihr sind besonders Ponys und leichtfuttrige Pferde betroffen. Sie wird durch große, ungewohnte Mengen von eiweißhaltigem Futter ausgelöst. Zum Beispiel durch junges, frisches Gras im Frühjahr, aber auch im Herbst oder an frostigen Sonnentagen im Winter. Auch große Mengen von Kohlenhydraten, wie sie in Getreideprodukten vorkommen, können einen Reheschub auslösen.

Belastungsrehe:
Ursache sind lange Ritte auf hartem Boden in zu schnellen Gangarten. Besonders bei Pferden mit dünner Hufsohle und bei barhuf gehenden Pferden.

Geburtsrehe:
Sie entsteht durch die bei der Geburt eventuell entstehenden Gifte, wenn zum Beispiel die Nachgeburt nicht schnell genug abgeht.

Durch Medikamente ausgelöste Rehe:
Einige cortisonhaltige Präparate können bei manchen Pferden einen Reheschub auslösen.

2. Symptome:
- Das Pferd steht in Sägebockstellung.
- Es hat warme Hufe.
- Man fühlt eine Pulsation (siehe Hufverletzungen).
- Das Pferd bewegt sich nicht gerne.
- Die Pferde geben ungern die Hufe, da dadurch das andere, ebenfalls betroffene Bein zu sehr belastet wird.
- Das Pferd hat ein Schmerzgesicht.

3. Erste Hilfe:
- Sofort Futter entziehen (maximal Stroh).
- Nicht bewegen.
- Kühlen, Hufe in einen Eimer mit kaltem Wasser stellen oder abspritzen.
- Mit kalten, nassen Handtüchern umwickeln.
- Pferd auf weichen Boden stellen.

4. Vorbeugen:
- Besonders langsam und sorgsam anweiden. (Zum Beispiel über 14 Tage: zwei Tage 15 Minuten, vier Tage 30 Minuten, vier Tage 45 Minuten, vier Tage 60 Minuten.)
- Gefährdete Pferde entweder nur mit Maulkorb oder gar nicht mehr auf die Weide lassen.
- Kraftfutter nur nach Leistungsbedarf geben.
- Kraftfutter für Pferde unerreichbar lagern.
- Viel harten Boden meiden (auch bei Fahrpferden).
- Hufe schützen (Eisen, eventuell Spezialbeschlag, Hufschuhe).
- Darauf achten, dass die Nachgeburt spätestens zwei Stunden nach der Geburt abgegangen ist.

Ein Maulkorb zur reduzierten Futter- und damit Eiweißaufnahme ist immer noch besser, als ganz auf Weidegang zu verzichten.

Zu langes Stehen in der Box kann leicht zu Kreuzverschlag führen.

Schlechtes Wetter sollte keine Ausrede sein, das Pferd nicht zu bewegen.

Kreuzverschlag

Beim Kreuzverschlag handelt es sich um eine Erkrankung der Muskulatur der Hintergliedmaßen. Sie wird wegen ihrer Ursachen auch „Feiertagskrankheit" genannt.

1. Hauptursachen:

- unregelmäßige Arbeit (plötzliche, abrupte Trainingspause und sei es nur für einen Tag mit wieder anschließendem Training)
- glucose- (zucker-)haltige Futtermittel (Rübenschnitzel)
- Adlerfarn und Schachtelhalm verursachen durch ihre Gifte ein dem Kreuzverschlag sehr ähnliches Krankheitsbild

2. Symptome:

- steifer Gang der Hinterhand
- Bewegungsunwilligkeit
- verhärtete Hinterhandmuskulatur
- eventuelle Kreislaufprobleme mit extremem Schwitzen und Zittern
- rötlich verfärbter Urin
- Schmerzgesicht

2. Erste Hilfe:

- Das Pferd muss unbedingt warm gehalten werden. Entweder durch Abschwitzdecken, die gewechselt werden müssen, sobald sie nass sind. Oder aber durch ein Solarium, so vorhanden.
- Pferd stehen lassen.
- Kraftfutter entziehen (nur noch Raufutter).

3. Vorbeugen:

- gleichmäßige, tägliche Arbeit
- Fütterung der Leistung entsprechend

Ein Holzsplitter im Auge hat die Stute als Fohlen einseitig erblinden lassen.

Augenverletzungen

Sie kommen am häufigsten auf der Weide vor, wenn die Pferde gierig nach den besten Halmen angeln.

1. **Hauptursachen:**
- Äste
- spitze Gegenstände (Drähte, Nägel)
- Schläge
- Fliegenschutznetze/ Halfter

2. **Symptome:**
- sichtbare Wunden
- Schwellungen im Augenbereich
- Tränenfluss
- Eitern
- Wärme
- vermehrtes Scheuern

3. **Erste Hilfe:**
- Versuchen, Insekten fern zu halten.
- Scheuern verhindern
- Dunkel stellen.
- Nicht eigenständig säubern.

4. **Vorbeugen:**
- regelmäßige, genaue Umgebungskontrolle
- passender Fliegenschutz und passendes Halfter, die nicht über die Augen rutschen dürfen

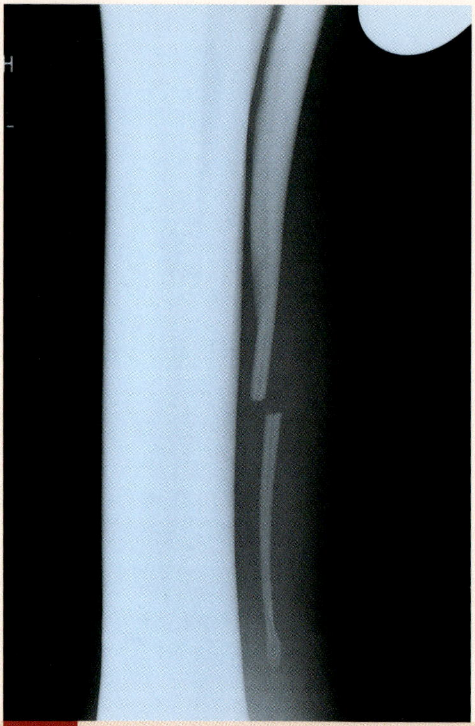

Früher waren Beinbrüche oft ein Todesurteil. Heute sind sie in vielen Fällen therapierbar.

Frakturen (Knochenbrüche)

Brüche beim Pferd sind der Albtraum eines jeden Pferdebesitzers. Doch im Gegensatz zu früher bedeuten sie heute nicht mehr zwangsläufig das Todesurteil für das Pferd. Allerdings ist das Heilungsverfahren langwierig, äußerst kostspielig und die Pferde sind hinterher nicht unbedingt lahmfrei.

1. Hauptursachen:

- Schläge
- Stürze beim Galopp auf gerader Strecke oder im Trab an der Longe, beim Springen und Toben
- Verkehrsunfälle

2. Symptome:

- Das Pferd lahmt meist hochgradig.
- Man hört ein klingendes Knacken in dem Moment, wenn der Knochen bricht.
- Bei einem so genannten offenen Bruch ist eine Wunde mit dem frei liegenden Knochen zu erkennen.
- Das Bein sieht merkwürdig abgeknickt aus.
- Das untere Ende des Beines baumelt haltlos herum.
- Die betroffenen Gliedmaßen schwellen um die Bruchstelle schnell an.
- Wärmeentwicklung

3. Erste Hilfe:

- Bewegen Sie das Pferd keinen Zentimeter mehr.
- Rufen Sie sofort einen Tierarzt und informieren Sie ihn über den Verdacht eines Bruches, damit er das Röntgengerät mitnehmen kann.
- Decken Sie einen offenen Bruch locker mit sterilem Material ab.
- Wirken Sie beruhigend auf das Pferd ein.
- Decken Sie es mit einer Abschwitzdecke ein.
- Satteln Sie es ab, sollte es beim Reiten passiert sein.

4. Vorbeugen:

Einer Fraktur kann man leider auch mit der größten Sorgfalt und Umsicht nicht vorbeugen.

Kreislaufversagen/Schock

Beim Kreislaufversagen handelt es sich um einen sehr akuten Krankheitsprozess, der tödlich sein kann! Bitte rufen Sie umgehend den Tierarzt.

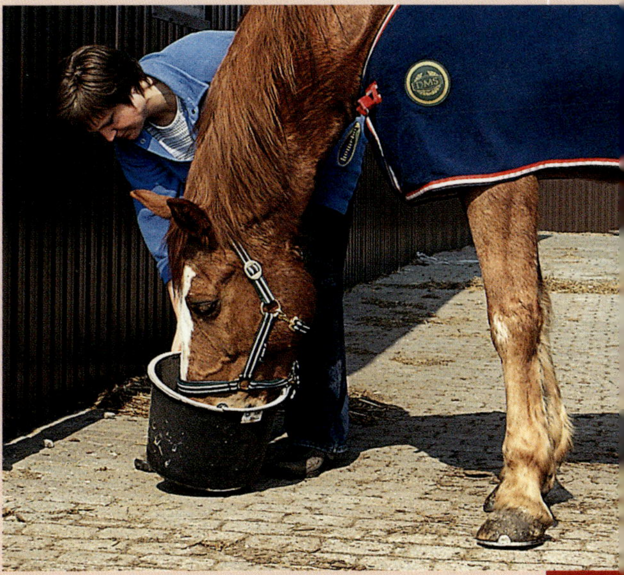

Sorgen Sie für Ruhe und bieten Sie dem eingedeckten Pferd unbedingt Wasser an.

1. Hauptursachen:
- Volumenmangel: Blutungen mit hohem Blutverlust, Durchfall mit hohem Flüssigkeits verlust, Schwitzen, zu geringe Wasseraufnahme
- Herzprobleme
- Verbrennungen
- hohe Leistungsanforderungen bei hohen Temperaturen
- Gifte: Solche, die das Pferd über das Futter aufnimmt. Solche, die durch Krankheitsprozesse im Körper entstehen
- Rückenmarkschädigungen
- Unfälle
- Stress
- Allergien/Nesselfieber (anaphylaktischer Schock)

2. Symptome:
- Unruhe
- Schwitzen. Im Gegensatz zum normalen Schwitzen ist dieser Schweiß kalt und kann sich über den ganzen Körper ziehen – bis das Pferd tropft.
- erhöhter Puls (60 bis 130)
- erhöhte Atmung
- blasse Schleimhäute (in Ausnahmen können sie auch extrem gerötet, in sehr seltenen Fällen sogar blau sein)
- Angstsymptome beim Pferd

3. Erste Hilfe:
- Decken Sie das Pferd ein.
- Versuchen Sie, ihm Wasser zu geben, um den Volumenmangel auszugleichen.
- Wirken Sie beruhigend auf das Pferd ein.
- Meiden Sie bei Überhitzung zu kaltes Wasser. Das kann erst recht zu einem Kreislaufschock führen.

4. Vorbeugen:
Sorgen Sie immer für ausreichend und sauberes Wasser – vor allem auch für rangniedrige Pferde in großen Herdenverbänden. Überprüfen Sie das Wasser regelmäßig, ob es verunreinigt ist und deswegen nicht mehr getrunken wird. Bewegen Sie das Pferd der Witterung angemessen – verlangen Sie keine Höchstleistungen bei großer Hitze.

Nehmen Sie Durchfall beim Pferd ernst. Bei wässrigem Durchfall benachrichtigen Sie sofort den Tierarzt, bei breiigem nach etwa drei Tagen.

Im Gelände kann ein sauberes T-Shirt/ Unterhemd zum Notverband werden.

Erste Hilfe im Gelände

Ein Notfall im Stall und auf der Weide ist schon schlimm genug.

Dramatisch kann es werden, wenn Sie einen Notfall mitten auf dem Ausritt haben – womöglich auch noch, wenn Sie allein unterwegs sind. Für diesen Fall sollte es Pflicht werden, grundsätzlich ein Handy mit sich zu führen, wenn man allein ins Gelände geht. Handys können in so einer Situation das Leben von Mensch und Tier retten.

Informieren Sie immer eine Person im Stall, wann Sie losreiten und welche Strecke Sie ungefähr nehmen. So kann derjenige Hilfe schicken, sollten Sie im Rahmen der Zeit nicht zurück sein (oder Ihr Pferd ohne Sie in den Stall zurückkommen ...).

Wenn Sie mit mehreren unterwegs sind, sollte sich einer um das Pferd kümmern und der andere Hilfe holen. Achtung: Manchmal drehen die zurückgelassenen Pferde durch, wenn sie in so einer Situation auch noch von ihrem Pferdekumpel verlassen werden. Deswegen ist es manchmal besser, das zweite Pferd ebenfalls am Ort zu lassen und die Hilfsperson macht sich zu Fuß auf den Weg.

Jeder Reiter sollte ein kleines Erste-Hilfe-Täschchen mit sich am Sattel führen. Doch nur die wenigsten haben es. Denn nur damit können Sie vor Ort erste, sterile Wundversorgung machen. Ansonsten sind Sie auf Taschentücher, Blusenärmel und Ähnliches angewiesen.

Bei schweren Verletzungen muss der Tierarzt unbedingt vor Ort kommen. Halten Sie das Pferd so lange mit Ihren eigenen Sachen warm, sollte es im Schockzustand sein oder Kreislaufprobleme haben.

Wenn Ihr Pferd noch laufen kann, sitzen Sie ab und führen Sie es bis zum Stall oder der nächsten Möglichkeit, wo Sie es sicher und ruhig unterbringen können, um Hilfe zu holen.

Lassen Sie niemals das verletzte Pferd allein zurück. Lieber zu Fuß Hilfe holen. Ein Handy wäre hier die beste Lösung.